U0123355

極簡風×普普風
布膠帶貼出質感包包

DUCTTAPE BAGS

三悅文化

基本上，我是一個非常怕麻煩的人，

總是希望生活能過得更輕鬆愉快。

我的興趣是裁縫，

卻因為裁縫必須使用太多工具而遲遲沒有動手。

嘗試著利用膠帶製作包包是因為，

「用針線縫布料實在是太麻煩了」。

或許是偏見吧！我總覺得以「手作」方式製作出來的作品，

大多是有點褪色泛白，看起來挺環保的東西，

我並不滿意於那樣的作品。

本書中介紹的膠帶包包都是一些閃耀著化學素材光澤，

完成後酷似「工業產品」的作品，總令人愛不釋手，

更吸引人的地方是可以盡情地使用，

髒掉或不再喜歡時，丟掉也不會讓人覺得心疼。

因為一個包包成本不到 500 日圓（約台幣 200 元）。

默默地撕好膠帶，經過數十分鐘的黏黏貼貼，

包包就完成了。

更神奇的是製作後全身壓力獲得紓解，心裡感到無比的充實。

試著動手做個膠帶包吧！您已經產生這樣的念頭了嗎？

中島麻美

《本書的用法》

□本書內容中統稱「布紋膠帶」為「膠帶（gum tape）」。
　充分運用這種「布紋膠帶」即可完成本書中介紹的包款。

□本書中介紹的包包都是以 P11～13 中記載的「基本款包
　包作法 A to H」完成。

□製作包包時，膠帶黏貼面直接接觸桌面等，可能導致塗裝
　面剝落，因此建議於製作前鋪上桌布。

CONTENTS

材料和工具介紹

製作膠帶包時，
只須準備膠帶（布紋膠帶）和構成包包形狀的模型，
備妥這兩樣物品後，不管在多小的桌面上都可製作。

必要材料

膠帶（布紋膠帶）

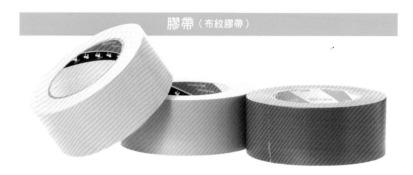

除土黃色、乳黃色、白色、黑色等基本色系外，還有綠色、橘色、螢光黃、粉紅色等
顏色。主要廠牌為寺岡（Teraoka）和米其邦（Nichiban）。即便同一種顏色的膠
帶，還是可能因為廠牌不同而呈現出不同的顯色效果。

模型

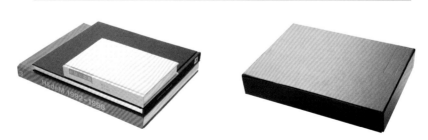

書本、空箱或瓦楞紙箱等，只要是硬的東西都OK。將膠帶纏在模型上就能製作包包，
應避免採用封面較軟，纏膠帶時會變形的書本，挑選封套較硬的書本吧！

必要工具

布

建議桌面上鋪上毛巾或桌布後才開始動手製作。桌面塗裝可能因黏貼面直接接觸而剝落，務必留意。

剪刀

用於調整包包提把長度或處理膠帶綻開問題。

美工刀

製作包包的口袋時或是製作小物時使用，建議搭配使用直尺、切割墊效果更棒喔！

切割墊

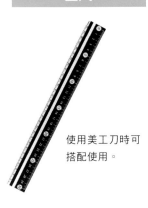

使用美工刀時搭配切割墊使用以免割傷桌面，亦可當做模型，表面印上方格的切割墊使用起來更方便。

直尺

使用美工刀時可搭配使用。

透明盒子

夾著紙型，製作小物品時更方便。百圓商店（相當於台灣三十九元店之類的店鋪）就能買到。

手套

因製作大型膠帶包而必須切割較多膠帶等狀況，建議使用手套以保護皮膚。

膠帶切割器

希望切割成鋸齒狀或因力氣較小而撕不斷膠帶的人最適合使用。

鉛筆

用鉛筆做記號以方便切割膠帶。

基本款包包

1
基本款包包

先動手製作基本款包包吧！

八個步驟即可完成，作法非常簡單的包包。

本書中介紹的包包，

幾乎都是以這款「基本款包包」作法完成。

DATA 　模型：左起B6尺寸、A5尺寸、B5尺寸的書本。　膠帶：紅色（寺岡）

基本款包包作法AtoH

*構成本書中介紹的包包基礎部位相關解說

A

製作裡層結構①

撕好略長於模型主體周長的膠帶,黏貼面朝著表側,將膠帶纏在模型上。

B

製作裡層結構②

第2條以後的膠帶重疊上一條膠帶約1公分,並運用步驟A要領,依序纏好膠帶(最好桌面鋪上桌布)。

C

製作裡層結構③

圖中為模型主體部位黏貼膠帶後狀態。必須於黏好最後一條後取出模型,因此膠帶不能纏太緊。

基本款包包作法AtoH

*構成本書中介紹的包包基礎部位相關解說

D

製作裡層結構④

比模型的橫向長度長約1、2公分，撕好膠帶後，像要為底部加蓋似地黏好膠帶，再將超出角落部位的膠帶往下摺並處理得很美觀。

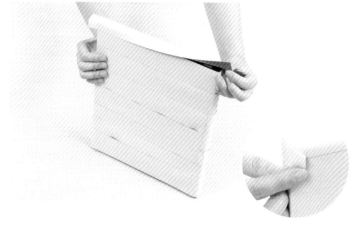

E

製作表層結構

和步驟D一樣長度，撕好膠帶黏貼面相互黏合，完成底部後朝著包口部位纏上膠帶。處理後底部即呈現出照片中狀態。

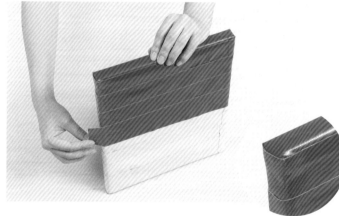

F

製作提把

依據「期望長度」＋「黏貼份」撕好膠帶後摺成三折以製作提把部位。稍微做長一點就不會失敗。

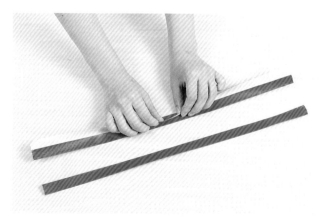

基本款包包作法AtoH

＊構成本書中介紹的包包基礎部位相關解說

G

安裝提把

膠帶纏到適當位置後，先將提把部位擺在黏貼面上，再將膠帶纏在貼著提把的部位上。多留一些黏貼份，擺放重物時，提把就不會輕易地脫落。

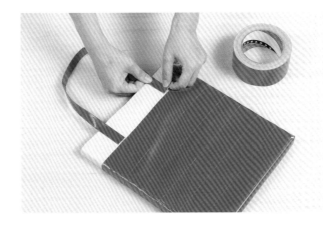

H

最後修飾

纏好最後一條膠帶，取出模型，包包就完成囉！

＊如前面所述，將膠帶纏在大小、形狀和自己想製作的包包一樣的模型上並且依序黏貼，即可輕易地完成包包。

2
托特包

包包上設有大口袋，
可擺放證件套或原子筆等用品。
利用美工刀，從內側切割即可做成內口袋，
從外側切割就成了外口袋。

DATA　模型：B4尺寸的書本　膠帶：黃色（米奇邦）　特徵：設有外口袋

HOW TO MAKE

＊參考P11～P12「基本款包包作法」步驟A～D，製作包包的裡層結構，
從裝好底部之後的步驟開始製作。

1 首先製作口袋部位。依自己喜好長度撕好
膠帶，分別重疊1公分，黏合成帶狀。

2 黏貼面朝著表側，捲成管狀。

3 纏上表層結構，一直捲到達口袋的底線為
止。然後依口袋寬度撕好膠帶後黏貼，黏
貼寬度為表層結構的二分之一。這就是口
袋的底部。

4 將步驟2擺在步驟3上，然後往步驟2反
摺黏貼留在表層結構上的步驟3，以便完
成口袋部位。

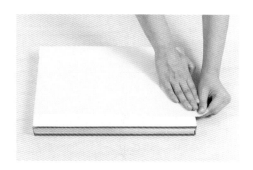

5 覆蓋在步驟4完成的口袋上，從包包底部
纏上膠帶。

6 裝上提把並纏好膠帶後，將切割墊放入包
包內側，再利用美工刀，輕輕地割出袋口
即完成口袋部位。

橫條紋包

3
橫條紋包

裝上一條提把，方便背在肩上，連使用起來也相當方便的包包。
將膠帶撕成細長型後黏黏貼貼即構成橫條紋包。

DATA　模型：B5尺寸的書本　膠帶：〈左〉白色、藍色（米其邦）〈右〉白色、黑色（寺岡）

＊參考P11～P12「基本款包包作法」步驟A～D，製作包包的裡層結構，
從裝好底部之後的步驟開始製作。

1 製作一條提把（參考P12「基本款包包作法」步驟F）完成提把後，撕一條寬為提把1.5倍的其他顏色膠帶，然後像包覆提把似地黏貼。

2 將提把緊緊地黏在本體兩邊以完成表側部位。

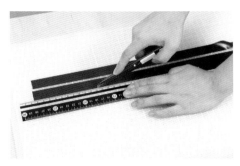

3 黏貼橫條紋部分的膠帶長度略長於包身周長，撕好膠帶後，依個人喜好裁切寬度。

4 將步驟3的膠帶均等地黏貼在本體上即完成包包。

DUCTTAPE COLUMN

利用膠帶修理椅面

某日回家途中撿到兩把椅子，卻發現椅子只剩下骨架而沒有椅面，沒有修理的話，根本不堪使用，趕忙拿來膠帶，約莫30分鐘就把椅子修好，坐坐看覺得還挺舒服，以膠帶黏貼椅面，既可依照心情換貼不同顏色的膠帶，還可輕易地、輕鬆地改變椅子外觀。

4

魚鱗包

利用瓶子或杯子底部，
從膠帶上套切出魚鱗狀貼片後黏貼。
使用數種顏色的膠帶即可搭配出非常有趣的色彩。

DATA　模型：四六版的書本　膠帶：白色、黃色、綠色（寺岡）　特徵：安裝一條提把

＊參考P11～P12「基本款包包作法」步驟A～G，
製作包包的裡層結構後安裝底部。
安裝提把，表層結構不完全纏上膠帶，留下構成包包正面的一整面，
從貼好表層結構之後的步驟開始製作。

1 如照片所示，錯開約1公分後交互黏貼2條膠帶。然後擺在切割墊上，利用蓋子或罐子等，套切出半圓形貼片。

2 將套切好的半圓形貼片當做魚鱗，依序黏貼在包包正面。擺在切割墊上，想好配置情形後才動手，即可更順暢黏貼。

DUCTTAPE COLUMN

將膠帶貼在T恤等衣服上

某日忘了撕掉膠帶就把T恤拿去洗，一旦丟入洗衣機裡洗過，T恤上的膠帶就再也撕不下來。改造方法很簡單，處理後T恤變得非常可愛。趕忙找來各種顏色的膠帶，好好地享受了一下改造樂趣。

5
手拿包

以墊板等薄板狀物品為模型，完成手拿包。
構思包蓋和口袋部位的色彩搭配方式也非常有趣。

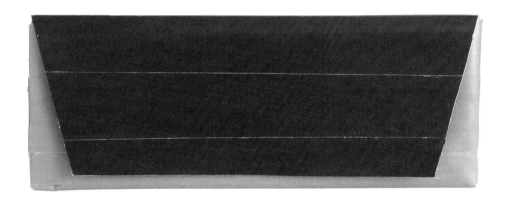

DATA 模型：切割墊 膠帶：粉紅色、棕色（寺岡） 特徵：無包襠部位

1 首先，將膠帶纏在模型上，製作手拿包的本體部位。

2 參考P11～12「基本款包包作法」步驟A～D，完成手拿包本體部位。完成後裝上底部。

3 包蓋部位不必纏膠帶，重疊在本體部位上依序黏貼。貼好後裁切掉包蓋上的多餘部分。裁切時，底下鋪著切割墊吧！

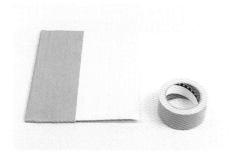

4 參考P12「基本款包包作法」步驟E，完成本體部分的表層結構。如果想製作包檔的話，那就纏2次膠帶吧！

5 覆蓋住包蓋黏貼面至本體為止的部分，依序黏貼膠帶。像這個步驟一樣，黏貼2次即可將包包處理得更硬挺。

6 取出模型後，裁切掉超出範圍的部分和包蓋邊緣部位，手拿包就完成囉！

似懂非懂的

膠帶相關知識

膠帶是怎麼做成的呢？
以下為製造業者米其邦公司成員對膠帶的相關訪談。

　　米其邦株式會社位於東京都文京區。採訪地點是一間窗明几淨，佈置得非常雅緻，一樓為麵包店和咖啡廳的辦公室。

　　採訪前，我先在一樓的麵包店買了檸檬奶油麵包，稍微地逛了一下後才前往總務人事部門拜訪齋藤先生，請教了許許多多膠帶相關問題。

膠帶為三層構造

　　據齋藤先生表示，米其邦株式會社原本是一家製造、販售絆創膏或軟膏的公司，成立於大正年間，當時總公司設於南品川，距今60年前開始製造膠帶（布紋膠帶），膠帶色數並不像現在這麼豐富。

　　目前，生產的膠帶色數高達12種，產品顏色基準都是由「公司和織造原料（布料）的廠商一起決定」。

　　「假使有黃綠色和紫色就好了！」製作包包時經常會出現這種念頭，這一天，終於開口提出「請務必製造……」的要求。

　　緊接著向齋藤先生請教了膠帶結構問題。

　　據齋藤先生表示，膠帶基本上由三層結構所構成，由黏稠的接著劑、經過染色的布料、添加剝離劑的表面劑所構成，塗抹剝離劑即可將膠帶處理出非常平滑的光澤感。

　　膠帶總是散發出非常特別的味道，膠帶的味道來源是什麼呢？齋藤先生說：「膠帶上的

味道為樹脂的味道。」答案令我感到非常意外，因為我一直以為膠帶上的獨特味道是藥品的味道。

膠帶味道的秘密

據齋藤先生表示，各廠牌膠帶製造方法都不一樣，米其邦採用的是1982年開發的「熱熔（hot melt）」製造方法。

「將高溫加熱的黏著劑塗抹在布料上的製造方法，利用這種方法即可製造出質地更薄且黏性更高的膠帶。」。

其次，製造過程中完全沒有使用到有機溶劑，因此製造的出來都是非常環保的膠帶。

除此之外，米其邦還因應環境問題開發產品，從2000年起開始推出寶特瓶回收利用後製造出來的膠帶產銷計畫。

米其邦的膠帶工廠設於埼玉縣日高市，每天的生產量不便公開，不過聽說是一座全自動生產的工廠，因此，真的只靠少數幾位員工就製造出非常多的膠帶。

卡其色是自衛隊最廣泛採用的顏色

目前的12種顏色之中，最暢銷的款式果然是基本款土黃色膠帶，其次為紅色、黑色、白色。最讓我感到意外的是，聽說「OD（橄欖色）色」相當暢銷，「自衛隊好像也使用」的說法更是讓我感到有點驚訝。

臨別前，我還向米其邦公司索取了一些用於製造膠帶的膠料。齋藤先生，真的非常感謝您喔！

回家後，對「自衛隊如何運用膠帶」問題依然耿耿於懷，因此，趕忙向對自衛隊瞭若指掌的朋友荒井香織（Arai Kaori）小姐問個究竟。

據荒井小姐表示，「為了避免槍枝的螺絲因射擊震動而彈出，自衛隊通常以膠帶纏捲槍枝以進行補強，或將膠帶用來修補卡車車蓬。」。

最近，聽說軍事遊戲中也為了忠實地呈現場景，出現海上防衛隊畫面時就會看到槍械纏上膠帶的情形。

除此之外，也發現清理自衛隊員參加典禮儀式走過的紅色地毯時，會看到自衛隊使用膠帶的情形。使用滾動式清潔用品非常浪費錢，我想或許是因為使用膠帶比較經濟實惠的關係吧！

荒井小姐接著又表示，「美軍也相當廣泛地使用膠帶，美軍使用的是迷彩圖案的膠帶，真是帥氣極了，迷彩膠帶在日本買非常貴，聽說一捲迷彩膠帶就要價2000日圓（約台幣800元）」。

擁有迷彩圖案的膠帶款式的確非常酷。假使我也擁有迷彩膠帶，會不會用來製作包包或錢包呢？這個問題我也想過。

＊本書內容中將「布紋膠帶」統稱為「膠帶」。各廠家的商品通常以「布紋膠帶」、「布膠帶」等名義出售。

色彩樣本

構思色彩搭配也是製作包包的樂趣之一。
特別仔細地觀察過色數高達12色以上的米其邦和寺岡公司生產的膠帶。

找出各廠牌膠帶的色彩上差異吧！

　　膠帶厚度、紋路處理或黏度等，各廠牌膠帶各具特色，例如：同為黃色，寺岡的黃色為酷似蛋殼般漂亮的顏色，而米其邦的黃色為鮮豔亮麗的顏色。比較厚的是寺岡膠帶，米其邦膠帶質地薄、黏貼效果佳。其次，膠帶寬度通常為50mm，偶而會看到寬25mm、100mm的膠帶，ＤＩＹ商品店或網路商店即可買到各種顏色的膠帶（布紋膠帶），不妨實際動手搜尋看看。

基本色也會因為素材感、顏色而不同

　　寺岡的基本色（乳黃色）膠帶（布紋膠帶）本身有著相當的厚度，背面為紅褐色，從裁切面就可看到迷人的紅褐色，因此非常適合用於製作編織包。另一方面，米其邦膠帶屬於薄膠帶，所以比較適合用於製作狀似紙袋，造型比較簡單的包包。寺岡擅長於製作色彩微妙、顯色效果絕佳的膠帶，米其邦製造的大多為近似螢光色，色彩非常亮眼的膠帶。

土黃色
（米其邦）

乳黃色
（寺岡）

白色（米其邦）
膠帶表面平滑且具光澤感的白色。酷似工業產品。

白色（寺岡）
神似水彩的色澤，有點混濁的白色，散發著典雅色彩。

銀色（米其邦）
像消防隊員制服般個性十足的銀色。

銀色（寺岡）
亦適用於搭配自然色彩的柔美顏色。

灰色（寺岡）
像蠟筆般有點混濁卻散發出美麗色彩的膠帶。

黑色（米其邦）
光滑明亮的色澤，淡雅的色彩，散發出海苔或摺紙般色彩意象。

黑色（寺岡）
好像由許多種顏色調出來的黑色，顯色效果絕佳。比較厚的膠帶。

橄欖綠（米其邦）
非常適合搭配軍裝風包包的顏色。自衛隊好像也使用這種膠帶。

黃色（米其邦）
散發酷似螢光黃的顏色，作為重點裝飾也很漂亮。

黃色（寺岡）
像極蛋殼顏色的溫暖嬌嫩顏色，非常適合搭配基本色的土黃色膠帶。

橘色（寺岡）
略微暗沈，酷似柑橘顏色，色彩非常甜美的橘色。

橙色（米其邦）
夏橙似的甜美顏色。適合於白色包包滾邊或重點配色時採用。

粉紅色（米其邦）
充滿80年代氛圍，散發著化學合成色彩的粉紅色。

粉紅色（寺岡）
略帶藍色的桃紅色。好像繪本世界才可能出現的顏色。

紅色（寺岡）
近似朱紅色的鮮亮色彩，適合搭配任何顏色。

紅色（米其邦）
略微暗沈、穩重的顏色，散發著皮革似的色彩。

淺藍色（米其邦）
只有膠帶上才看得到這種顏色，散發著工業產品似的色彩。

天藍色（寺岡）
像水彩似地，非常詩情畫意的顏色。用於製作大型包包之類的物品也非常可愛。

藍色（米其邦）
散發出群青色似的色彩，酷似皮革染色後顏色，製作小物品更漂亮。

藍色（寺岡）
近似藍色，微微地帶點紅色的色澤，用於製作白底藍色條紋的包包最漂亮。

淺綠色（米其邦）
色彩明亮，搭配寺岡生產的紅色膠帶即可營造出聖誕氣氛。

綠色（米其邦）
散發沉穩顯色效果的綠色。搭配淺綠色、寺岡綠都很漂亮。

綠色（寺岡）
近似深卡其色的綠。據說日本自衛隊也採用這種綠色的膠帶。

棕色（寺岡）
磚塊似的色彩，加上紅色的組合運用，即可搭配出充滿秋意的色彩。

6

購物包

利用寬度較大的模型，試著製作大一點的包包。
將提把固定在本體上時加長提把黏貼份，
強度自然提升，用來裝重一點的物品都沒問題。

DATA　　模型：B4尺寸的空箱　膠帶：白色、淺綠色（米其邦）　特徵：加上小裝飾

HOW TO MAKE

＊參考P11～12「基本款包包作法」步驟A～C，
從完成包包裡層結構之後的步驟開始製作。

1 膠帶寬度為5cm，所以製作的包檔寬度
大於膠帶寬度時，可將幾條膠帶黏合在一
起以製作底部。製作這款包包時使用2條
膠帶。

2 從底部開始，將膠帶纏在包包表面，纏到
靠近底部的角落時加上小裝飾。纏上一整
圈，直到看不到小裝飾的黏貼份為止以固
定住小裝飾。

3 黏合2條膠帶，製作寬寬的提把。兩條提
把的端部交互地摺向內側。

4 依序纏好包包表面後，留下固定提把的位
置，先對齊包口部位，等處理好包口部位
後才固定提把。

5 處理包口邊緣。預留約1cm以便折返，
先將綠色膠帶纏在提把下方，再將白色膠
帶纏在提把上方。

6 取出模型後，將預留的綠色膠帶部位往內
摺即完成作品。

7
肩背包

加長橫條紋包的提把，
再加上包蓋即可做成照片中的這款肩背包。
螢光黃的包蓋滾邊成了重點裝飾，
處理得非常可愛的包包。

DATA　模型：B5尺寸的書本　膠帶：銀色、黃色（米其邦）　特徵：包蓋樣式

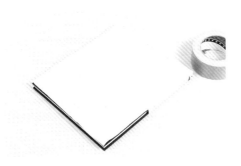

1 參考P29「手拿包作法」步驟1～3，將膠帶纏在模型上，製作本體和包蓋部位。

2 決定背帶長度。然後將膠帶摺成三折，依照自己想要的長度，完成背帶部位。

3 將背帶兩端固定在本體上，邊固定背帶，邊製作本體部位的表層結構。

4 包蓋表面黏貼黃色膠帶。黏貼後，量好即將貼在上面的銀色膠帶長度。

5 先將數條貼在切割墊上量出長度的膠帶排成一大片，再利用杯子等，將角落套切成圓形。

6 將步驟5擺在包蓋部位的黃色膠帶上，配合銀色蓋子上的曲線，將黃色部分的角落也裁切成圓形，作品就完成了。

8
背著上圖書館的包包

用手撕好膠帶，
拼貼出獨一無二的格紋圖案吧！
將裝著借書證的卡夾掛在提把上就覺得好想多借幾本書。

DATA　　模型：B5尺寸的書本　膠帶：紅色、黃色（寺岡）　淺綠色、藍色（米其邦）　特徵：附帶裝借書證的卡夾

HOW TO MAKE

＊參考P11～12「基本款包包作法」步驟A～D，製作包包的裡層結構，
從裝好底部之後的步驟開始製作。

1 製作提把，首先將基本提把摺成兩折，再
如照片中所示，留下兩端，貼上其他膠帶
以補強中央，共製作2條。

2 將提把固定在已經貼好裡層結構的包包本
體上。

3 從底部開始依序黏貼，貼好表面，固定提
把後，最後一趟換貼其他顏色的膠帶，剩
下的膠帶摺入包口內側，處理好包口邊緣
部位。

4 依個人喜好挑選膠帶並用手撕好後，交互
拼貼成格子狀圖案。

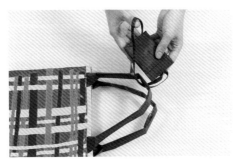

5 最後，將裝著圖書館借書證的卡夾（參考
P66～67「儲值卡夾作法」）套在提把上
即完成作品。

9
電腦包

隔著上面有一顆顆氣泡的緩衝材，
做好這款包包後就能隨身攜帶著電腦。
筆記型電腦成了製作這款包包時的模型。

DATA　　模型：筆記型電腦　膠帶：橙色、藍色（米其邦）　特徵：加裝緩衝材

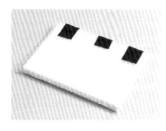

1 先利用緩衝材包住筆記型電腦，再用膠帶固定住，以便處理得更方便取放電腦。

2 以步驟1為模型，纏好膠帶時緊接著完成包蓋部位（參考P29「手拿包作法」步驟1～3）。

3 只有本體部位配合尺寸貼上緩衝材。

4 從底部到開口部位，依序纏上膠帶。

5 將膠帶撕短一點，並摺成三折，做成包包的扣帶部位。將扣帶固定在包蓋上，上面黏貼膠帶，整個包蓋都黏貼膠帶。

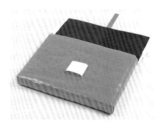

6 膠帶黏貼面朝上，形成包包扣環後貼在本體上。

7 扣環上黏貼膠帶，貼上一整圈。

8 裁切掉包蓋上的多餘部分。

9 緩衝材可能緊緊附著在包包內側，所以先取出電腦，在不會翻起內側膠帶狀況下，輕輕地取走緩衝材。

IO
園藝包

以瓦楞紙箱等物品為模型，
製作底部寬廣，非常方便取用工具的園藝包。
最令人激賞的是膠帶不怕碰水或沾到泥巴。

DATA　　模型：空箱　膠帶：橄欖綠（米其邦）綠色、白色（寺岡）　特徵：補強底部即可裝入重物。

HOW TO MAKE

*參考P11〜P12「基本款包包作法」步驟A〜C，
從完成裡層結構之後的步驟開始製作。

1 以箱子等為模型，纏好膠帶。包襠部位較大，所以從中央開始依序黏貼底部。

2 將膠帶縱橫黏貼成格子狀以便提升強度。

3 最後，補強四個角。

4 從底部開始依序黏貼表面，角落上黏貼小裝飾（參考P36〜37「購物包作法」步驟2）。

5 配合包包的四個邊，裁好膠帶以補強開口部位。安裝提袋部位事先劃出切口。

6 摺入白色膠帶後，覆蓋住內側的白色膠帶部位，黏好綠色膠帶，園藝包就完成了。

11
唱片袋

利用透明膠帶還可做出照片中這款唱片袋。
可放入貼紙或壓花，
亦可擺放照片或信件。
製作過程中容易附著指紋，因此難度較高。

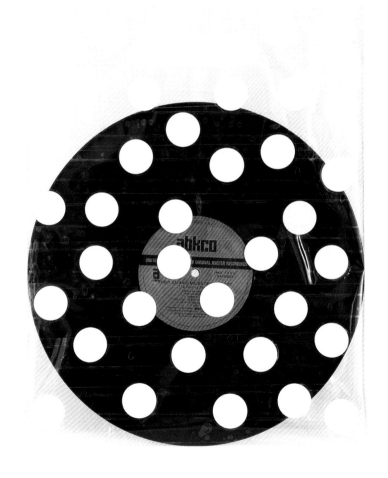

DATA　　模型：唱片封套（照片中使用切割墊）　膠帶：透明膠帶　特徵：袋內黏上貼紙以構成圓點圖案

1 黏貼面朝上,將包裝用透明膠帶纏在切割墊上並摺入底部。然後黏上貼紙以構成圖案。

2 避開構成提把的部位,黏好貼紙後,由上往下,將膠帶捲貼在表面上,再利用瓶蓋等,將構成提把部位的兩端套切成圓形,以便構成提把。

3 連結兩個圓形部位,利用美工刀裁切好提把部位即完成作品。

DUCTTAPE COLUMN

使用貼紙即可做出普普風包款

到文具店或三十九元店逛逛,就可以找到各式各樣的貼紙或標籤等,完成包包後,貼上市面上買回來的裝飾品即可將包包裝飾得更漂亮,或夾貼在透明膠帶之間以享受另一種製作樂趣。

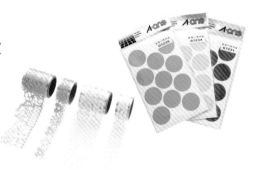

12
編織包

將膠帶裁切成細條狀後編織，
完成造型可愛的編織包。難度相當高。

設計・山田 岳　製作・中島 壯

DATA　膠帶：黃色、乳黃色　特徵：設有外袋

HOW TO MAKE

＊圖中數字的單位為mm。解說作法時採用P58～60包款的1／2尺寸。
參考以下記載，試著為自己量身訂做一個編織包吧！

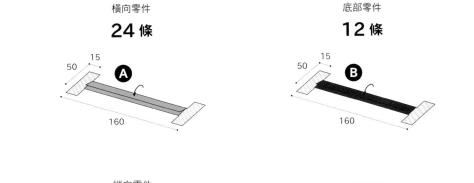

横向零件
24 條

底部零件
12 條

縱向零件
24 條

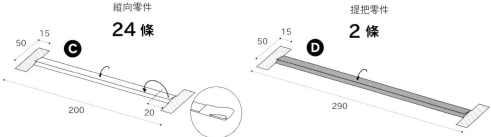

提把零件
2 條

1 如圖製作各部位的必要條數
※編織圖中使用不同顏色的
膠帶是為了讓大家看得更清
楚。

DUCTTAPE COLUMN from 山田 岳

構思編織包過程中的小插曲

向作者中島小姐徵求製作膠帶包包相
關意見時，我曾經提到自己很在意膠
帶銜接處位於包包表面的問題。當我
構思自己本來就很有興趣的「編織」
方法時也曾發現，製作膠帶包不必像
用皮革或布料做包包時一樣，必須以
針線等處理素材邊緣，利用膠布的黏
貼面即可處理邊緣。

考慮過上述情形後，我認為只要處理
到讓人覺得「這是膠帶嗎？」就夠了。
膠帶是一種價格低廉、非常貼近生活
的素材，即使用法非常粗魯也不會出
問題，不怕雨淋，更有趣的是都是自
己動手做，破損也可以自己簡單的動
手修理，變換各種不同的造型。

膠帶寬度以50mm為基準，
每條膠帶僅量裁剪長一點，
使用作法各不相同的兩種膠
帶材料，構思出格子編以外
的編法。

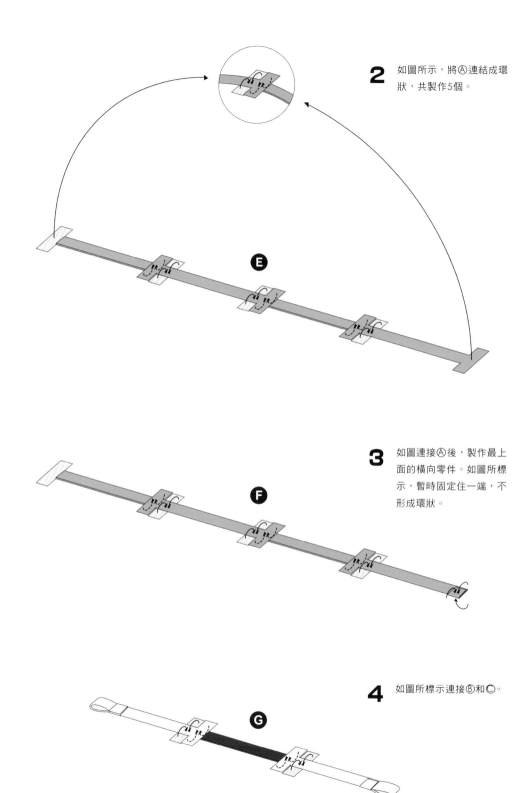

2 如圖所示，將Ⓐ連結成環狀，共製作5個。

Ⓔ

3 如圖連接Ⓐ後，製作最上面的橫向零件。如圖所標示，暫時固定住一端，不形成環狀。

Ⓕ

4 如圖所標示連接Ⓑ和Ⓒ。

Ⓖ

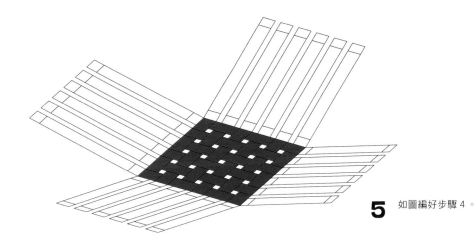

5 如圖編好步驟 4。

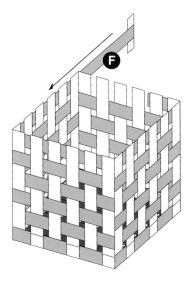

6 挑起步驟 5 的縱向零件，和步驟 2 構成的環狀編在一起。率先處理暫時固定住並位於最上方，且已於步驟 3 完成的橫向零件Ｆ的那一端，分別穿過每一個環狀結構。最後避開縱向零件，如圖連結。

7 如圖固定好提把部位，編織包就完成了。

利用膠帶做小物

只靠膠帶就做出照片中的這些小物。
發揮一下色彩搭配巧思,動手製作專屬於自己的作品吧!

《設計圖用法》

□以下如圖所標示將膠帶貼在切割墊上。
　一條不夠時，可重疊地貼上數條膠帶。
　利用美工刀裁好膠帶，分別做成零件。

□方格紙上的粗線1大格＝1 cm（10mm）。

□膠帶寬以50mm為基準，配合設計圖中所記載的尺寸裁剪後
　使用吧！

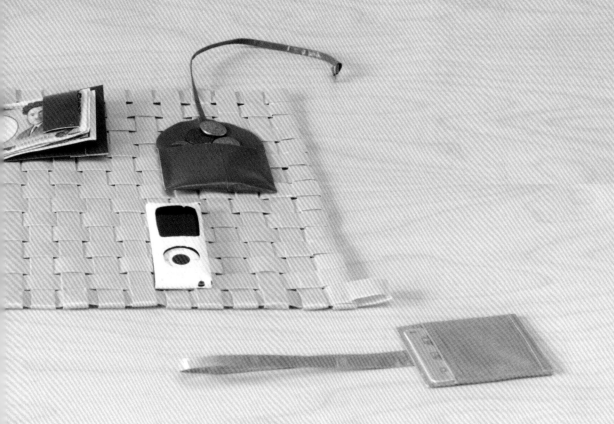

1

儲值卡夾

五個步驟即可完成照片中的儲值卡夾。

掛在包包提把上隨身攜帶吧！

亦可擺放圖書館的借書證之類的物品。

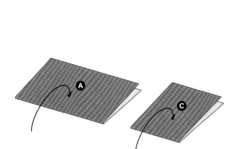

1 分別對摺好Ⓐ和Ⓒ。相對於次頁的圖版，Ⓐ採取橫向對摺，而Ⓒ則是縱向對摺。

2

Ⓐ的兩側如圖中所標示黏貼Ⓔ和Ⓕ，像夾在中間似地擺好Ⓒ。然後覆蓋在上面似地黏貼Ⓓ。再利用Ⓒ處理Ⓐ邊緣。此時應插入卡片以確認卡片的插取狀況。

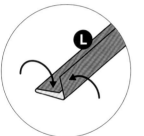

3

緊接著製作卡夾的吊繩。將Ⓛ縱向摺成三折。

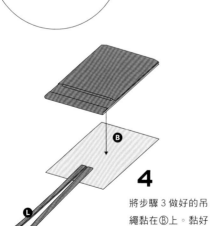

4

將步驟3做好的吊繩黏在Ⓑ上。黏好後，和步驟2的本體裡側黏在一起。

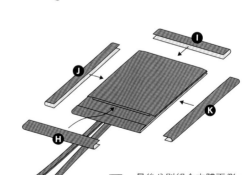

5

最後分別組合本體兩側、底部以及卡片插入口，即完成作品。依序黏貼Ⓙ和Ⓚ後，利用美工刀，仔細的在卡片插入口側面劃上切口。

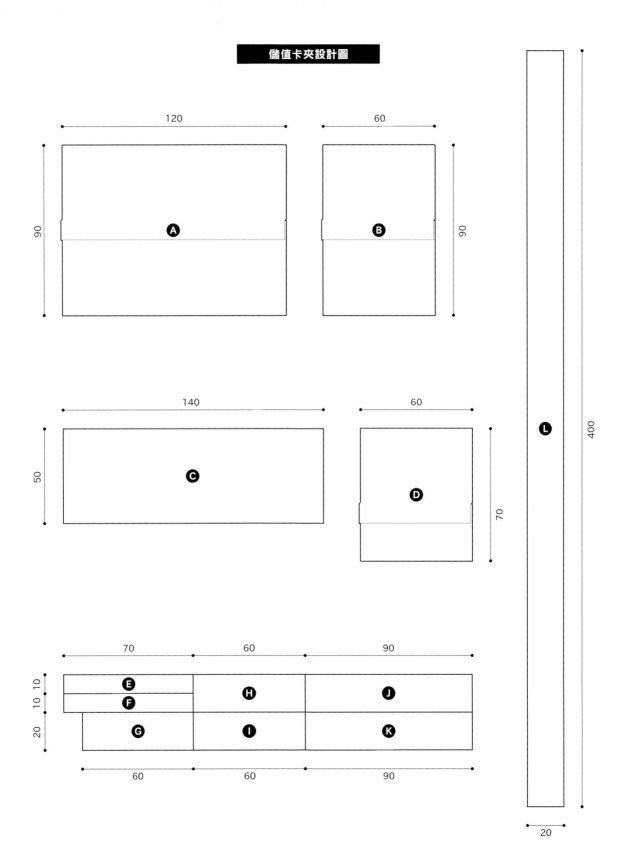

利用膠帶做小物

2

名片夾

6個步驟就完成名片夾。

名片夾設有兩個口袋，

可分別擺放自己的名片和收到的名片。

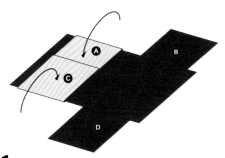

1 黏合Ⓐ和Ⓒ、Ⓑ和Ⓓ。

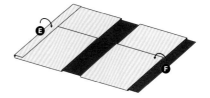

2 Ⓔ和Ⓕ摺反後黏貼。

3 利用Ⓖ和Ⓗ處理開口部位。

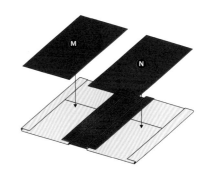

4 將Ⓜ和Ⓝ貼在表面上。

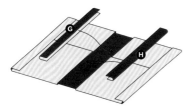

5 從兩側撕開，撕下原本黏貼在切割墊上的本體，翻面後黏貼Ⓞ。

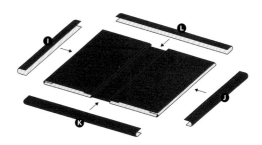

6 最後四個邊分別黏貼零件，處理後，利用剪刀或美工刀，在Ⓚ和Ⓛ開口部位劃上切口即完成作品。完成後對摺成兩半，再以熨斗等整燙形狀即可。

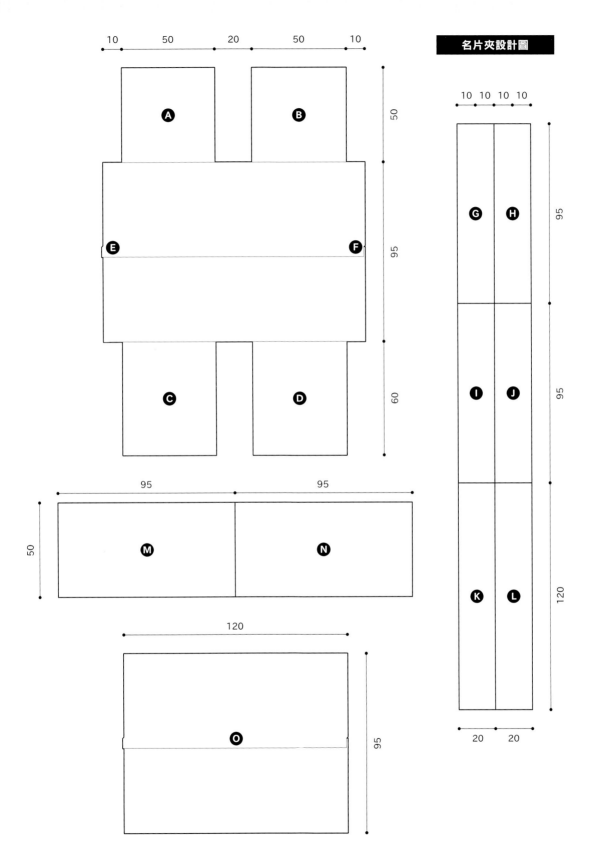

利用膠帶做小物

3
文庫本書套

利用膠帶特有POP色彩，為心愛的文庫本書籍製作一個可愛的隨身攜帶書套吧！製作難度稍高請耐心完成喔！

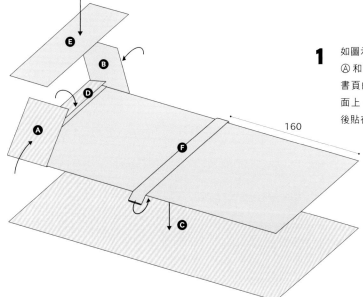

1 如圖示Ⓓ對摺並固定後，依序摺好Ⓐ和Ⓑ，製作一個可套住文庫本書頁的口袋。然後將Ⓔ貼在黏貼面上。將Ⓕ摺成三折並摺入兩端後貼在本體上，最後黏貼Ⓒ。

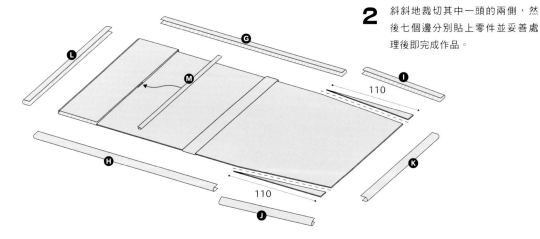

2 斜斜地裁切其中一頭的兩側，然後七個邊分別貼上零件並妥善處理後即完成作品。

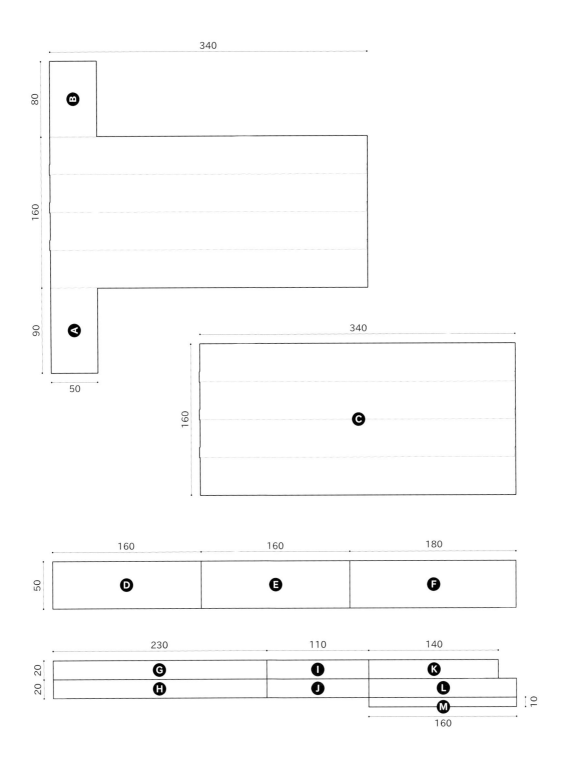

利用膠帶做小物

4

錢包

錢包裡設有夾放鈔票的部位，必須到附近辦點事情時，
使用起來非常方便的錢包。出國時好像也可使用。

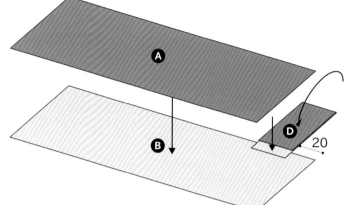

1 將Ⓓ錯開約10mm後摺成
兩折，然後黏貼在Ⓑ上，
黏好後於上面黏貼Ⓐ。

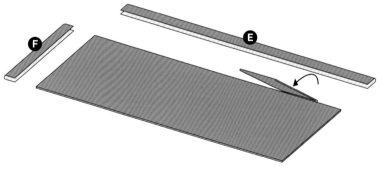

2 先將步驟1貼好的Ⓓ摺入
內側，再以Ⓔ和Ⓕ處理兩
邊。位Ⓓ兩側的Ⓔ劃上切
口，好讓Ⓓ可以往上翻起。

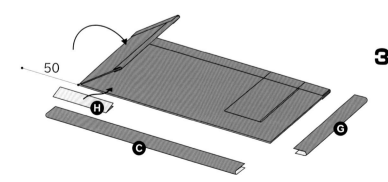

3 如圖所示，由左往右摺好
本體，然後黏貼面朝上，
將Ⓗ對摺後夾入中間黏合
本體。最後利用Ⓒ和Ⓖ處
理好剩下的兩個邊即完成
製作步驟。

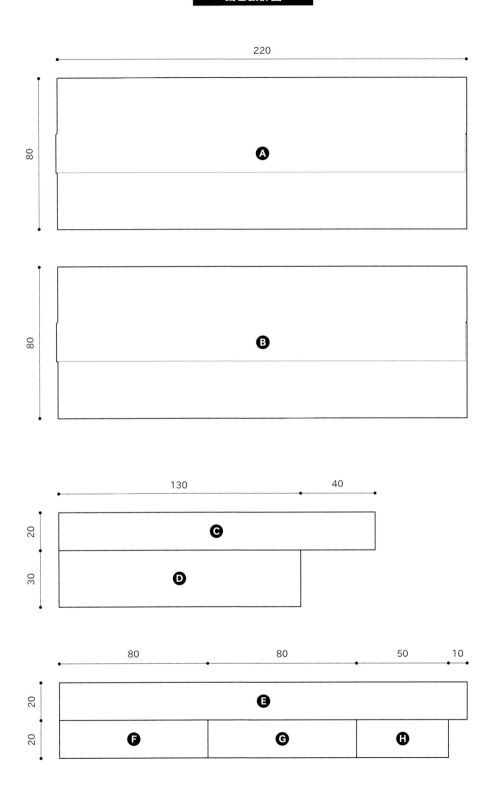

利用膠帶做小物

5

零錢包

除擺放零錢外，還可當做擺放飾品或小東西的包包。

體積小，使用起來非常方便的零錢包。

好好地享受一下專屬於自己的色彩搭配樂趣吧！

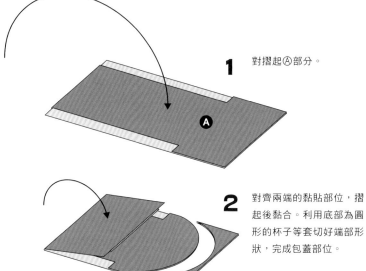

1 對摺起Ⓐ部分。

2 對齊兩端的黏貼部位，摺起後黏合。利用底部為圓形的杯子等套切好端部形狀，完成包蓋部位。

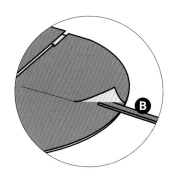

3 將Ⓑ縱向摺成三折以製作綁帶部位，微微地掀開黏合包蓋端部的膠帶，等插入Ⓑ後重新貼回即完成零錢包。

零錢包設計圖

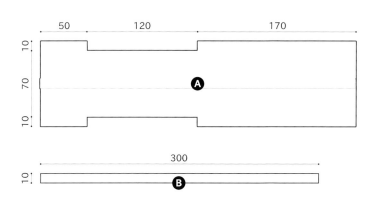

利用膠帶做小物

6

iPod包

iPod種類非常多，想不想利用膠帶為自己使用的機種打造
一個專屬包包呢？可選用自己喜歡的顏色或加上圖案。

＊照片中作品是依據iPod nano（2009年9月20日發表的模組）尺寸完成，iPod
　形狀等因模組規格而不同，因此仔細地測量一下自己使用的iPod尺寸吧！iPod為
　Apple inc.商標。

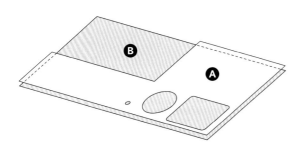

1 Ⓐ的虛線部分暫不黏貼，黏合Ⓐ和Ⓑ。

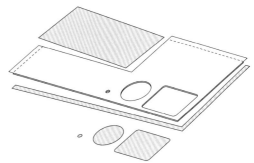

2 裁掉不必要的部分。利用步驟1時
未黏貼的Ⓐ黏貼部位，包覆iPod，
黏合後即完成作品。

iPod 包設計圖

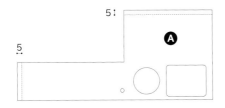

請將此設計圖放大400％後作為紙型使用。

7

杯墊

應用編織包作法，完成照片中這款小物品。膠帶不怕水，
所以即便飲料打翻也不必擔心。

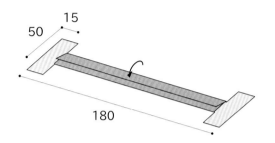

1 將膠帶裁成50mm × 180mm，在距離端
部15mm處劃上切口，共劃4道切口後，
摺成三折，製作5條白色，3條灰色總共製
作8條。

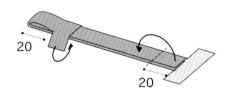

2 兩頭分別摺向內側以形成20mm套環狀態
後，利用黏貼部位固定住，以相同方式處
理好8條零件。

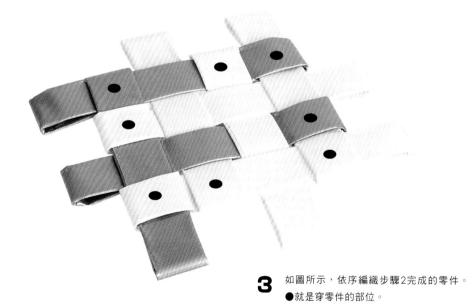

3 如圖所示，依序編織步驟2完成的零件。
●就是穿零件的部位。

8

餐墊

需要一點耐心，運用編織包作法完成這款包包，亦可運用
各種色彩編成裝飾牆壁的掛毯。

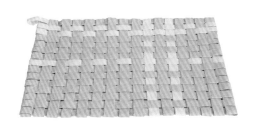

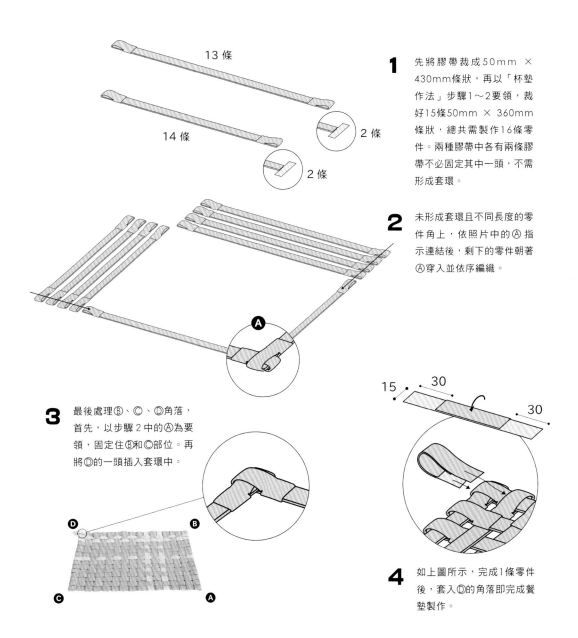

13 條

14 條

2 條

2 條

1 先將膠帶裁成50mm ×
430mm條狀，再以「杯墊
作法」步驟1～2要領，裁
好15條50mm × 360mm
條狀，總共需製作16條零
件。兩種膠帶中各有兩條膠
帶不必固定其中一頭，不需
形成套環。

2 未形成套環且不同長度的零
件角上，依照片中的 Ⓐ 指
示連結後，剩下的零件朝著
Ⓐ穿入並依序編織。

Ⓐ

3 最後處理Ⓑ、Ⓒ、Ⓓ角落，
首先，以步驟2中的Ⓐ為要
領，固定住Ⓑ和Ⓒ部位。再
將Ⓓ的一頭插入套環中。

Ⓓ

Ⓑ

Ⓒ

Ⓐ

15   30

30

4 如上圖所示，完成1條零件
後，套入Ⓓ的角落即完成餐
墊製作。

DUCTTAPE ➡ BAG

1

購物包的另一個色系版。曾經裝入手提電腦帶著到處去逛逛，果然堅固耐用！

2

酷似帆布包，仔細看後發現，原來是膠帶做的包包，是一款外型帥氣時髦的包包。

3

只安裝一條提把，裡面設有口袋。大小為可輕鬆裝入A4尺寸紙張的包包。

4

米其邦的粉紅色膠帶和寺岡的棕色膠帶完美組合，試著做成橫條紋包包，非常典雅大方。

5

好朋友渡部先生幫我製作的包包。雕切成蘋果形狀的部位真是可愛極了。

6

米其邦的卡其色和橘色最容易搭配出漂亮色彩。橫條紋部分處理出皺摺。

7

想要一個上面有錦鯉圖案的包包而動手製作。試著以裁切成正方形的膠帶拼貼出馬賽克效果漂亮的圖案。

8

樣式7製作的錦鯉圖案包包實在是太可愛了，因而動起製作「馬賽克包」的念頭，於是製作出這款包包。

9

一直想要一個酷似毒蛇配色的包包而製作。沒想到粉紅色、橘色和黑色竟然如此搭調。

10

想要一個宴會包而試著動手作出這款包包，包包上加了蝴蝶結。

11

利用製作唱片包時剩下圓形貼片，試著拼貼出照片中這款漂亮包包。

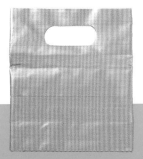

12

唱片包的縮小版。裡層結構為夢幻的粉紅色，往外摺就成了充滿驚喜的手拿包。

AFTERWORD

這本書是在家人和朋友們協助下完成。

荒井香織小姐……負責工作坊營運或幫忙，從事各項調查或提供意見。山田岳先生……負責設計新款包包。中島壯先生……幫怕麻煩的我製作包包。須藤祐先生……幫怕麻煩的我監製作品，以及參與工作坊的各位朋友們，率先提議「把作品彙整成書籍」的佐藤曉子女士，期待著本書完成的高橋英正先生，負責製作本書的團隊成員們，在此向您們致上最深摯的謝意。

中島麻美

TITLE

極簡風×普普風　布膠帶貼出質感包包

STAFF

出版	三悅文化圖書事業有限公司
作者	中島麻美
譯者	林麗秀

總編輯	郭湘齡
責任編輯	闕韻哲
文字編輯	王瓊苹
美術編輯	李宜靜
排版	也是文創有限公司
製版	興旺彩色製版股份有限公司
印刷	桂林彩色印刷股份有限公司

代理發行	瑞昇文化事業股份有限公司
地址	台北縣中和市景平路464巷2弄1-4號
電話	(02)2945-3191
傳真	(02)2945-3190
網址	www.rising-books.com.tw
e-Mail	resing@ms34.hinet.net

劃撥帳號	19598343
戶名	瑞昇文化事業股份有限公司

初版日期	2010年12月
定價	280元

國家圖書館出版品預行編目資料

極簡風×普普風 布膠帶貼出質感包包 ／
中島麻美作；林麗秀譯.
-- 初版. -- 台北縣中和市：三悅文化圖書，2010.12
80面；18.2×23.7公分

ISBN 978-986-6180-26-2 (平裝)

1.手提袋　2.手工藝

426.7　　　　　　　　　　　　99023786

DUCTTAPE DE TSUKURU BAG NO HON
Copyright © Asami Nakashima 2009. Printed in Japan
All rights reserved.
Original Japanese edition published in Japan by IKEDA PUBLISHING CO., LTD.
Chinese (in complex character) translation rights arranged with IKEDA
PUBLISHING CO., LTD. through KEIO CULTURAL ENTERPRISE CO., LTD.